四川螺髻山杜鹃花

SICHUAN LUOJISHAN DUJUANHUA

罗　强　郑晓慧◎著

科 学 出 版 社
北 京

内容简介

本书是关于四川螺髻山杜鹃花科杜鹃属植物分类方面的著作。种类繁多、花色各异的杜鹃属植物是螺髻山4A级国家风景名胜区最具特色的高山自然景观之一。本书在实地调查、标本采集及详细鉴定的基础上介绍了螺髻山自然分布的杜鹃属植物29种1亚种3变种，内容包含每一种的中文名、学名、形态特征、地理分布及生态习性，并提供了生境、植株、花、花解剖、叶及果等相关实物照片。

本书填补了4A级风景名胜区螺髻山杜鹃属植物系统研究的空白，可供景区游客、螺髻山景区管理者及杜鹃属植物分类研究者参考。

图书在版编目（CIP）数据

四川螺髻山杜鹃花 / 罗强, 郑晓慧著. -- 北京 : 科学出版社, 2019.6
ISBN 978-7-03-061544-2

Ⅰ. ①四… Ⅱ. ①罗… ②郑… Ⅲ. ①山—杜鹃花科—凉山彝族自治州 Ⅳ. ①Q949.772.3

中国版本图书馆CIP数据核字（2019）第112495号

责任编辑：张 展 孟 锐 / 责任校对：彭 映
责任印制：罗 科 / 封面设计：墨创文化

科学出版社 出版
北京东黄城根北街16号
邮政编码：100717
http: //www. sciencep. com
四川煤田地质制图印刷厂印刷
科学出版社发行 各地新华书店经销
*
2019年6月第 一 版 开本：787×1092 1/16
2019年6月第一次印刷 印张：5
字数：119千字
定价：88.00元

本书承蒙

螺髻山景区管理局专项经费

四川省教育厅项目（15ZA0245）

国家自然科学基金项目（31860036）

资　助

序

螺髻山位于四川省凉山彝族自治州首府西昌市城南30km处，跨西昌市、普格县、德昌县一市两县，总面积2400km^2，其名来源于与峨眉山的“姊妹”关系，“峨眉山似女人蚕蛾之眉，螺髻山似少女头上青螺状之发髻”。它是凉山州国家4A级风景区螺髻山—泸山—邛海风景区的组成部分，主要景区面积1083km^2，千峰叠翠，山势雄奇，主峰海拔达4359m。同时，螺髻山还是我国已知山地中罕见的保存完整的第四纪古冰川遗迹天然博物馆，古冰川遗迹中的角峰、刃脊、围谷、冰斗、冰蚀洼地、冰蚀冰碛湖等古冰川风貌，具有很高的旅游、探险、科考等价值。

螺髻山地势高耸，气候垂直分带明显，加上人迹罕至，独特封闭的地理环境，使其各种珍稀动植物种类十分繁多。原始森林面积30余万亩（1亩≈666.7m^2），植物种类包括南亚热带植被，亚热带针叶林，亚热带常绿阔叶林、亚高山针叶林等共有180余科、2000余种，其中属国家第一批保护的珍稀植物就有30余种。野生花卉以杜鹃属植物（彝语称“索玛花”）为最，计有30余种，每年3至7月，繁花似锦，争芳斗艳，奇特无比，引人入胜。

西昌学院罗强、郑晓慧二位教授从2016年开始，近20次在螺髻山景区及比邻区域进行杜鹃属植物资源野外调查，通过采集标本，科学鉴定，使该书得以完成。该书是研究螺髻山地区高山植物区系的重要基本资料，同时也是游客识别并欣赏螺髻山丰富杜鹃属植物资源必不可少的科普读物，对景区管理局保护和开发利用杜鹃属植物资源均具有重要意义。在野外调查过程中，获得螺髻山景区管理局日海补杰惹、李进、李银才等领导的大力支持和帮助，编者谨此表示衷心感谢！

前言

螺髻山位于四川省凉山彝族自治州西昌市普格县和德昌县相邻的地区，主峰海拔4359m，南北长约80km，东西宽约30km，山体面积达2240km^2，北距著名的“月亮之城”西昌市邛海之滨仅30km。区域内的螺髻山景区——珍珠湖核心区，是一个融独特自然风光和浓郁民族风情为一体的国家4A级风景旅游名胜区，是西昌乃至凉山地区最为重要的旅游景区之一。它被誉为“世界古冰川地质公园”“动植物王国”“生物资源基因库”“中国彝族火把节之乡”，是理想的地质研究、科学考察和生态旅游目的地，也是体验彝族风情的最佳所在地。螺髻山景区的珍珠湖核心区面积约56km^2，景区内重要的“高山湖泊，冰川刻槽，角峰刃脊，云山雾海，原始森林”等典型景观享誉中外，而每年3~6月的“杜鹃花海”更是景区内最具特色的高山植物景观。

杜鹃花的彝语名为“索玛花”，即迎客之花，是我国三大天然名花之一，也是中国十大名花之一。花色洁白中透着粉红，被称为“高山玫瑰”。杜鹃花属植物，通常为灌木或乔木，有时矮小成垫状，地生或附生；植株无毛或被各式毛被或被鳞片。叶常绿或落叶、半落叶。花形小至大，花色各异，有红色、黄色、白色、粉色、紫色等，通常排列成伞形总状或短总状花序，花冠呈漏斗状、钟状、管状或高脚碟状，整齐或略两侧对称，5（~6~8）裂；雄蕊5~10，通常10，稀15~20（~27），着生花冠基部，花药无附属物，顶孔开裂或为略微偏斜的孔裂；花盘多少增厚而显著，5~10（~14）裂；子房通常5室，少有6~20室，花柱细长劲直或粗短而弯弓状，宿存。蒴果自顶部向下室间开裂，果瓣木质，少有质薄者开裂后果瓣多少扭曲。种子多数，细小，纺锤形，具膜质薄翅，或种子两端有明显或不明显的鳍状翅，或无翅但两端具狭长或尾状附属物。

杜鹃属是杜鹃花科中最大的属，世界约960种，广泛分布于亚洲、欧洲、北美洲、主产东亚和东南亚，形成本属的两个分布中心，2种分布至北极地区，1种产大洋洲，非洲和南美洲不产。我国约540种（不包括种下等级），除新疆、宁夏外，各地均有分布，但集中产于西南、华南。杜鹃属植物在园艺学上占有重要的位置，自19世纪中期，J. D. Hooker从锡金发现并引回英国30种杜鹃开始，至20世纪G. Forrest、俞德浚等人在中国西南的采集活动以来，杜鹃属植物大量被发现，被引种栽培的杜鹃已不下600种，遍及世界许多国家。

根据此次调查，发现的螺髻山杜鹃花属自然分布的植物有29种1亚种3变种，而仅在螺髻山景区珍珠湖核心区分布的种类达22种1亚种3变种。

目录 CONTENTS

01 大王杜鹃

大王杜鹃（*Rhododendron rex* H. Lév.）属常绿乔木或大灌木，高3~7m。幼枝有灰白色绒毛，后变无毛。叶柄圆柱形，长2.5~3cm，有灰白色绒毛。叶片厚革质，倒卵状椭圆形至倒卵状披针形或椭圆形，长11~29cm，宽4.5~14cm，先端钝圆，基部楔形、近圆形或浅心形，上面深绿色，无毛，下面有淡灰色至淡黄褐色的毛被，上层毛被浅杯状，成熟后宿存或脱落，下层毛被泥膏状，侧脉20~24对。总状伞形花序顶生，有花12~25朵；总轴长2~2.5cm，被淡黄色或灰白色绒毛；花萼小，有8个长1.5~2mm小三角形的齿，外面被锈色毛；花冠管状钟形，长约5cm，直径4~5cm，粉红色或蔷薇色，基部有深红色斑点，8裂，裂片近圆形，长和宽约为1.5cm，顶端有凹缺；雄蕊16，不等长，2~3.5cm，花丝基部有短柔毛；子房圆锥形有淡棕色绒毛；花柱洁净。蒴果圆柱状，长4~4.5cm，常弯曲，有锈色毛，常8室。花期4~6月，果期8~10月。

产四川西南部、云南东北部。在螺髻山常生于海拔2550~3400m的山坡林中。

包含2亚种。

a 大王杜鹃（原亚种）*Rhododendron rex* subsp. *rex*

叶片倒卵形或长倒卵形，背面上层毛被灰白色或灰褐色，通常脱落。在螺髻山分布于海口牧场海拔3000~3200m的山坡，往往形成小片纯林。

图1-a　大王杜鹃（原亚种）

❶植株；❷花枝；❸❹花；❺花的解剖；❻叶

b 假乳黄叶杜鹃（亚种）*Rhododendron rex* subsp. *fictolacteum*

叶片较狭，常为长椭圆形或倒卵状椭圆形，背面毛被宿存，锈色或锈褐色。在螺髻山景区分布于海拔2900~3300m的山林中。

图1-b　假乳黄叶杜鹃（亚种）

❶❷植株；❸❹❺花；❻叶

02 大白杜鹃

大白杜鹃（*Rhododendron decorum* Franch.）属常绿灌木或小乔木，高1~6m。幼枝无毛，叶柄长1.5~2.5cm，无毛。叶片厚革质，长圆形、长圆状卵形至长圆状倒卵形，长5~16cm，宽3~6cm，先端钝或圆，基部楔形、钝形或圆形，上面暗绿色，下面白绿色，背腹无毛，侧脉约15~19对。顶生总状伞房花序，有花6~10朵，有香味，总轴长2~2.5cm，有稀疏的白色腺体。花梗长2.5~3.5cm，具白色有柄腺体。花萼小，浅碟形，长1.5~2.3mm，不整齐5裂齿。花冠漏斗状钟形，长3~5cm，直径5~8cm，淡粉色或白色，内面基部有白色微柔毛，外面有稀少的白色腺体，裂片7~8，近于圆形，长约2cm，宽2.4cm。雄蕊13~18，不等长，长2~3.5cm，花丝基部有白色微柔毛。子房长圆柱形密被白色有柄腺体，花柱通体有白色短柄腺体。蒴果长圆柱形，微弯曲，长2.5~4cm，直径1~1.5cm。花期4~6月，果期9~11月。

产四川西部至西南部、贵州西部、云南西北部和西藏东南部，缅甸东北部也有分布。在螺髻山常生于海拔2200~3100m的山坡灌丛中或林下。

图2　大白杜鹃

❶植株；❷❸❹花；❺花的解剖；❻叶；❼果

03 白碗杜鹃

白碗杜鹃（*Rhododendron souliei* Franch.）属常绿灌木，高1.5~3m。嫩枝无毛或疏被红色腺毛。叶柄长1.5~2.5cm，幼时有稀疏腺毛。叶革质，卵形、阔卵形或矩圆状椭圆形，长3.5~7cm，宽2~4.5cm，先端圆形，基部浅心形或近于圆形，两面无毛，侧脉10~14对。总状伞形花序顶生，有花4~7朵，总轴长5~10mm，有短柄腺体。花梗长1.5~3cm，密被腺体。花萼5裂，萼片卵形，长5~8mm，宽2~5mm，不等大，外面有稀疏腺体，边缘有整齐的短柄腺体。花冠阔钟状、碗状或碟状，乳白色或粉红色，中部宽阔，长2.5~4cm，直径5~6cm，5裂，裂片近圆形，顶端有凹缺。雄蕊10，长8~15mm，花丝无毛。雌蕊长约2cm，通体密被紫红色有柄腺体，花柱稍短于花冠。蒴果圆柱状，长2~2.5cm，直径5~6mm，成熟后常弯曲，有宿存的腺体。花期5~6月，果期8~9月。

产四川西南部、西藏东部。在螺髻山景区常见于海拔2950~3680m的山坡、冷杉林下及灌木丛中。

1

图3　白碗杜鹃

❶❷植株；❸❹花；❺花的解剖；❻叶；❼果

04 紫斑杜鹃

紫斑杜鹃（*Rhododendron strigillosum* Franch. var. *monosematum* (Hutch.) T. L. Ming）属常绿灌木，株高2~4.5m。幼枝密被褐色刚毛。叶柄长1~2cm，密被褐色刚毛。叶革质，长圆形至长倒卵形，长7~15cm，宽2.5~4cm，先端短渐尖，基部阔楔形至浅心形，边缘微反卷，具睫毛或无毛，上面亮绿色，在中脉基部沟槽中具刚毛，余无毛，背面浅绿色，中脉明显凸出，具有褐色刚毛，侧脉12~16对。顶生总状伞形花序，有花10~14朵，总轴长约1.5cm，被白色细柔毛。花梗长0.6~1.7cm，密被白色腺头刚毛。花萼裂片5，分裂达基部，裂片不等长，长1~5mm，被有腺头刚毛，钝三角形至长卵形，边缘具腺毛。花冠钟形，长3.5~5cm，直径5~4.5cm，白色、淡粉色或粉红色，内面基部有1枚深红色的斑块，裂片5，近圆形或扁圆形，长1.5~2cm，宽1.8~2.5cm，顶端有缺刻。雄蕊10，不等长，长1.5~3.5cm，花丝近基部有淡黄白色微柔毛，花药长椭圆形。子房圆锥形，长约5mm，被腺头刚毛，花柱长2.5~3.5cm，无毛。蒴果长圆柱形，被腺头状刚毛。花期4~6月，果期9~11月。

产四川西部至西南部和云南。在螺髻山景区生于海拔2840~3580m的疏林下、杜鹃灌丛。

图4 紫斑杜鹃

❶❷❸植株；❹❺花；❻叶；❼果

05 露珠杜鹃

露珠杜鹃（*Rhododendron irroratum* Franch.）属常绿灌木或小乔木，株高约2~8m。幼枝有薄层绒毛和腺体，后渐脱落。叶多密生于枝顶，叶柄长1~2cm，上面平坦，有沟纹，无毛。叶片革质，椭圆形、披针形或长圆状椭圆形，长7~14cm，宽2~4cm，先端渐尖，基部宽楔形至近圆形，边缘全缘或成波状皱缩，侧脉16~20对。总状伞形花序顶生，有7~14花，总轴长2~4cm，疏生柔毛和淡红色腺体。花梗长1~2cm，密被腺体。花萼小，盘状，5浅裂，裂片长1~2mm，外面及边缘有腺体。花冠管状或钟状，长3~5cm，白色、淡粉色或淡黄色，有黄绿色至淡紫红色斑点，稀无斑点，5裂，裂片半圆形，顶端有凹缺。雄蕊10，长2~3.5cm，花丝基部被开展的柔毛。子房圆柱形，密被腺体，花柱长于花冠，通体密生红色腺体，柱头不膨大。蒴果圆柱状，长1.5~2.5cm，有腺体。花期3~5月，果期9~11月。

产于四川西南部、贵州西北部及云南北部。在螺髻山分布生于海拔2300~3500m的山坡常绿阔叶林中或灌木丛中，是螺髻山山林中最为常见的杜鹃属植物之一。

图5 露珠杜鹃

❶植株；❷❸花；❹花枝；❺花（无花斑）；❻花蕾；❼花的解剖；❽叶；❾果

06 繁花杜鹃

繁花杜鹃（*Rhododendron floribundum* Franch.）属常绿灌木或小乔木，高2~10m。幼枝有灰白色星状毛，后无毛。叶柄长1~2cm，圆柱状，幼时被灰白色星状毛，后无毛。叶厚革质，椭圆状披针形至倒披针形，长9~18cm，宽2.5~5cm，先端急尖，基部楔形，上面暗绿色，呈泡泡状隆起，有明显的皱纹，无毛，下面具灰白色疏松绒毛，上层毛被为星状毛，下层毛被紧贴，中脉及侧脉在上面凹陷，下面凸起，侧脉15~20对。短总状伞形花序，有花8~12朵，总轴长5~7mm，被淡黄色至白色柔毛。花梗长1.5~2cm，有同样的毛。花萼小，具三角状的5齿裂，裂片长约1.5mm，外面被毛。花冠钟形或宽钟状，淡粉白色、粉红色或淡紫红色，长3.5~4cm，筒部有深紫色斑点，5裂，裂片近圆形，长1~1.5cm，宽1.5~2cm，顶端有凹缺。雄蕊10，长2~4cm，不等长，花丝无毛。雌蕊伸出花冠之外。子房卵球形，长5mm，被白色绢状毛，花柱长3.5~4cm，无毛。蒴果圆柱状，长2~3cm，直径7~10mm，8~9室，被淡灰色绒毛。花期4~5月，果期9~11月。

产四川西南部、贵州西北部及云南东北部。在螺髻山景区分布于海拔2300~3200m的山林中。

图6　繁花杜鹃

❶生境；❷植株；❸花枝；❹❺花；❻花的解剖；❼叶；❽果

07 落毛杜鹃

落毛杜鹃（*Rhododendron detonsum* Balf. f. et Forrest）属常绿灌木，高2~4.5m。幼枝疏被红色腺体和丛卷毛。叶革质，椭圆形至长圆状倒卵形，长7~10（9~18）cm，宽2（4）~4（8）cm，先端急尖，具细小尖头，基部钝、圆形或浅心形，上面无毛，中脉凹入，侧脉12~14对，微凹或不显，下面被薄层疏松的淡棕色至淡肉桂色近早脱落的毛被，中脉凸起，侧脉略凸，网脉明显；叶柄长2~3cm，上面具槽，下面圆形，疏被淡棕色丛卷毛和短柄腺体。顶生总状伞形花序，有花6~15朵，总轴长1cm，疏被丛卷毛和腺体，或无腺体；苞片早落。花梗长2.5~3cm，红色，密被灰白色卷毛，上部混生具柄疏腺体，基部2小苞片，线形，长约1cm，被柔毛。花萼长3~5mm，不等的5裂，裂片卵形至长卵形，钝头，外面疏被短柄腺体，边缘具腺头睫毛。花冠漏斗状钟形，长4~4.7cm，白色带粉红色，内面基部被白色微柔毛，筒部上方具深红色斑点，裂片5~7，圆形，长约1.5cm，宽2~2.5cm，顶端微缺；雄蕊10，不等长，长1~3cm，花丝中部以下密被白色微柔毛，花药长圆形，深褐色，长3mm；雌蕊比花冠略短，与花冠近等长；子房圆锥形，顶端平截，长5~7mm，密被短柄腺体，花柱长3cm，下部洁净或具短柄腺体，柱头盘状，径约2.5mm。果圆柱形，具腺体，长2~3.5cm。花期5月，果期10~11月。

产云南西北部及四川西南部。生于海拔3000~3600m的针叶林下或杜鹃灌木丛中。在螺髻山景区分布于海拔3580m杜鹃灌丛。

图7　落毛杜鹃

❶植株；❷花枝；❸花；❹花的解剖；❺叶；❻果

08 灌丛杜鹃

灌丛杜鹃（*Rhododendron dumicola* Tagg et Forrest）属常绿灌木，高1~2.5m。幼枝散生短腺毛，后变无毛。叶柄长1.5~2cm。叶革质，长圆状椭圆形至倒卵形，长7~11cm，宽3~4.5cm，先端钝圆，具细小尖头，基部阔楔形至近于圆形，边缘全缘，上面无毛，中脉凹入，下面被黄褐色绒毛，中脉散生红色腺体。顶生伞形花序，有花5~10朵，总轴短，长约10mm。花萼大，杯状，长6~8mm，不等地深5裂，裂片圆形或卵形，外面近基部疏被短柄腺体，边缘具腺头睫毛。花冠漏斗状钟形，长3~4cm，白色，内方基部被微柔毛，一侧具多数深红色斑点，裂片5，扁圆形，长1.5~2cm，宽2~2.5cm，顶端微缺。雄蕊10，不等长，花丝基部被微柔毛。雌蕊与花冠近等长，子房密被短柄腺体，有少数腺毛，花柱洁净。果圆柱形，微具腺体。花期6月，果期10~11月。

产云南西部和四川西南部，在螺髻山景区生于海拔3720m的杜鹃灌丛。

1

图8　灌丛杜鹃
❶植株；❷花枝；❸花；❹花的解剖；❺叶；❻果

09 锈红杜鹃

锈红杜鹃（*Rhododendron bureavii* Franch.）常绿灌木，高1~4m。幼枝粗壮，密被锈红色至黄棕色厚绵毛，混生红色腺体。叶柄粗，长1~2cm，被锈红色绵毛状分枝绒毛。叶厚革质，椭圆形至倒卵状长圆形，长6~14cm，宽2.5~5cm，先端急尖或渐尖，具细小尖头，基部钝或近于圆形，上面深绿色，无毛，微凹，下面被一层锈红色至黄棕色分生毛被并混生红色腺体至少中脉基部具红色腺体，有时毛被脱落；侧脉12~15对。顶生短总状伞形花序，有花10~20朵，总轴长2~4mm，密被锈红色绵毛状分枝毛，混生腺体；花梗长1.5~2cm，密被有柄腺体和绒毛；花萼长5~10mm，5裂片长圆形，外面密被有柄腺体和柔毛，边缘具腺头睫毛。花冠管状钟形或钟形，长3~4.5cm，白色带粉色至粉红色，内面基部具深红色斑和微柔毛，裂片5，扁圆形，顶端微缺。雄蕊10，长1.5~2.8cm，花丝基部被白色微柔毛。雌蕊比花冠稍短或近相等，子房卵圆形，密被短柄腺体和柔毛，有时仅被腺体，花柱基部被短柄腺体，有时还具长柔毛。蒴果长圆柱形，被具柄腺体。花期5~6月，果期8~11月。

产四川西南部和西北部、云南西北部和东北部。生于海拔2800~4500m的高山针叶林下或杜鹃灌丛中。在螺髻山景区常生于海拔3300~3700m的杜鹃灌丛或针叶疏林下。

1

图9　锈红杜鹃

❶❷植株；❸花枝；❹❺花；❻花的解剖；❼叶；❽果

10 普格杜鹃

普格杜鹃（*Rhododendron pugeense* L. C. Hu）属常绿灌木或小乔木。株高2~4.5m。幼枝粗壮，密被黄锈色树状分枝毛；叶柄长1.5~2cm，密被黄锈色树状分枝毛。叶厚革质，倒卵状椭圆形或倒卵状长圆形，长8~14cm，宽3~5.5cm，先端急尖，基部宽楔形或近于圆形，上面稍具光泽，无毛，侧脉11~14对，微凹，下面密被红棕色分枝状绵毛。顶生伞形花序，有花9~14朵，总轴短，长约5mm。花梗粗，长1~1.5cm，密被黄锈色树状分枝毛。花萼长7~8mm，裂片5，卵形或卵状披针形，外面密被长柔毛，混生树状分枝毛，边缘具长睫毛。花冠钟形，长3~3.5cm，直径3.5cm，粉红色或淡粉色，内面一侧具少数紫色斑点，近基部被短柔毛，5裂，裂片近宽圆形，顶端微凹。雄蕊10，花丝近基部密被白色短柔毛。雌蕊与花冠近相等；子房卵球形，密被长柔毛，花柱下半部被长柔毛，混生少数树状分枝毛。果长圆柱形，被粗毛。花期5~6月，果期10~11月。

目前仅在四川螺髻山青水沟海拔3450~3620m的高山杜鹃灌丛中有发现。

在耿玉英所著的《中国杜鹃花属植物》中将普格杜鹃归并于锈红杜鹃（*R. bureavii* Franch.），但本种幼枝、叶柄和叶背均无红色腺体，子房、花梗密被长柔毛，无腺体等特征与锈红杜鹃明显区别，故在此将普格杜鹃作为一个独立的种处理。

图10　普格杜鹃

❶植株；❷❸花；❹花的解剖；❺子房；❻叶；❼果

11 乳黄杜鹃

乳黄杜鹃（*Rhododendron lacteum* Franch.）属常绿灌木或小乔木，高2~8m。小枝粗壮，叶痕明显，顶芽具明显油脂。叶柄粗壮，长2~3cm，上面具沟，下面圆形，初被灰白色丛卷毛，后变无毛。叶厚革质，常集生于小枝顶端，叶片宽椭圆形至倒卵状椭圆形，长8~20cm，宽5~8cm，先端圆或钝，基部圆，略呈心形，上面绿色，无毛，下面被薄层毛被，侧脉14~16对。顶生总状伞形花序，有花13~25朵，密集，总轴长3~3.5cm，疏被丛卷毛。花梗长2~3cm。花萼长1~1.5mm，5裂，裂片三角形，外面疏被微柔毛，边缘具睫毛。花冠宽钟形，长3.5~4.5cm，乳黄色、淡黄色，或有红色斑，裂片5，近圆形，顶端微缺。雄蕊10，长1.2~3cm，花丝基部密被白色微柔毛。雌蕊比花冠短，略长于雄蕊，子房圆锥形，密被淡棕色绒毛。蒴果长圆柱形，略弯，被毛。花期4~6月，果期10~11月。

产云南西部和四川西南部。在螺髻山景区分布于海拔3450~3950m的冷杉林下或杜鹃灌丛中。

1

2

图11　乳黄杜鹃

❶植株；❷❸花枝；❹花；❺花的解剖；❻叶；❼果

12 栎叶杜鹃

栎叶杜鹃（*Rhododendron phaeochrysum* Balf. f. et W. W. Smith）属常绿灌木或小乔木，高1.5~7m；幼枝和叶柄疏被白色丛卷毛，后变无毛。叶柄长1~1.5cm。叶革质，长圆形、长圆状椭圆形或卵状长圆形，长6~17cm，宽3~5.5cm，先端钝或急尖，基部近于圆形或心形，上面深绿色，无毛，下面密被薄层黄棕色至金棕色黏结的毡毛状毛被，侧脉13~16对。顶生总状伞形花序，有花6~16朵，总轴长1~2cm，被微柔毛或无毛；花梗长1~1.5cm。疏被丛卷毛或无毛；花萼小，裂片5，长约1mm；花冠漏斗状钟形或管状钟形，长2.5~4.5cm，白色或淡粉红色，筒部上方具紫红色斑点，裂片5，扁圆形，顶端微缺；雄蕊10，长1.5~3cm，花丝下半部被白色短柔毛；子房圆锥形，无毛，花柱无毛。蒴果长圆柱形，直立，顶部微弯。花期5~6月，果期9~11月。

产四川西部、西南部和西北部、云南西北部和西藏东南部。在螺髻山景区分布于海拔3600~3950m的高山杜鹃灌丛中或冷杉林下。

图12　栎叶杜鹃

❶植株；❷❸花枝；❹花；❺花的解剖；❻叶；❼果

13 兜尖卷叶杜鹃

兜尖卷叶杜鹃（*Rhododendron roxieanum* Forrest var. *cucullatum* (Hand.-Mazz.) D. F. Chamb.）属常绿灌木，高1.5~5m。幼枝密被红棕色至锈色绵毛状绒毛；具宿存的芽鳞。叶柄长约1cm，上部两侧有下延的叶基，密被淡棕色或带灰色厚绵毛状绒毛。叶厚革质，常集生于小枝顶端，叶片长圆状披针形至倒披针形，长6~10cm，宽2~3cm，先端急尖，具硬尖头，基部狭楔形，边缘显著反卷，上面绿色，仅中脉槽内有残存的毛，下面有两层毛被，上层毛被厚，绵毛状，由锈红色分枝毛组成，下层毛被薄，淡棕色，紧密，侧脉14~17对，隐藏于毛被内。顶生短总状伞形花序，有花9~18朵，总轴密被锈色绒毛，苞片密被锈色绢状柔毛。花梗长1~1.5cm，密被锈色分枝绒毛和短柄腺体。花萼小，裂片5。花冠漏斗状钟形，长3~3.5cm，白色略带粉红色，裂片5。雄蕊10，长1.2~2.5cm，花丝下半部密被白色微柔毛。雌蕊比花冠稍短或近等长，子房柱状圆锥形，密被锈色绒毛，有时还混生短柄腺体，花柱无毛。蒴果长圆柱形，苞片宿存。花期6~7月，果期10~12月。

产四川西南部、云南西北部和西藏东南部。在螺髻山生于海拔3680~4010m的高山针叶林或杜鹃灌丛中。

图13 兜尖卷叶杜鹃

❶植株；❷花枝；❸❹花；❺花的解剖；❻叶；❼果

14 宽叶杜鹃

宽叶杜鹃（*Rhododendron sphaeroblastum* Balf. f. et Forrest）属常绿灌木或小乔木，高1~5m。幼枝亮绿色或淡紫色。叶柄长1.5-2.5cm，绿色或带紫色，无毛。叶厚革质，卵形或椭圆形，长7.5~15cm，宽4~8cm，先端钝或近于圆形，具短小尖头，基部圆形或微心形，边缘平坦，上面橄榄绿色，稍具光泽，微皱，无毛或中脉槽内被不明显的微柔毛，侧脉11~14对，微凹，下面有两层毛被，上层毛被厚，褐色或肉桂色，疏松绵毛状，由分枝毛组成，下层毛被薄，紧贴叶背，中脉凸起，被毛覆盖，侧脉隐藏于毛被内。顶生总状伞形花序，有花10~12朵，总轴长1.5~3mm，无毛。花梗长1~1.5cm，无毛。花萼小，长1~1.5cm，无毛，裂片5。花冠钟状或漏斗状钟形，长3.5~4cm，白色至粉红色，筒部上方具洋红色斑点，5裂，裂片圆形。雄蕊10，长1.2~2.2cm，花丝基部被白色微柔毛。雌蕊比花冠短，略长于雄蕊，子房无毛，花柱无毛。蒴果长圆形。花期5~6月，果期9~11月。

产四川西南部、云南西北部和北部。在螺髻山生于海拔3700~4050m的坡地冷杉林下。在螺髻山景区分布于海拔2720~3985m的冷杉林下或杜鹃灌丛。

图14　宽叶杜鹃

❶植株；❷❸花；❹叶；❺果

15 黄花杜鹃

黄花杜鹃（*Rhododendron lutescens* Franch.）属常绿灌木，高1~3m。幼枝和叶柄疏生鳞片。叶片纸质或薄革质，披针形、长圆状披针形或卵状披针形，长4~9cm，宽1.5~2.5cm，顶端长渐尖或尾尖，基部圆形或宽楔形，上面疏生鳞片，下面鳞片黄色或褐色，相距为其直径的2~6倍，侧脉10~13对；花1~3朵顶生或生枝顶叶腋；花梗长0.4~1.5cm，被鳞片；花萼不发育，波状5裂或环状，密被鳞片；花冠宽漏斗状，略呈两侧对称，长2~3cm，黄色，5裂至中部，裂片长圆形，外面疏生鳞片，被短柔毛；雄蕊6~10，不等长，长雄蕊明显伸出花冠，花丝基部被柔毛；子房密被鳞片，花柱洁净。蒴果圆柱形。花期4~5月，果期9~10月。

产四川西部和西南部、贵州、云南、重庆。在螺髻山生于海拔2300~2800m的杂木林湿润处或山坡灌丛中。

图15　黄花杜鹃

❶植株；❷❸花；❹叶

16 云南杜鹃

云南杜鹃（*Rhododendron yunnanense* Franch.）属落叶、半落叶或常绿灌木或小乔木，高2~4.5m。幼枝、叶柄疏生鳞片。叶片薄革质，长圆形、披针形，长圆状披针形或倒卵形，长3~7cm，宽1~3cm，先端渐尖或锐尖，基部楔形，上面有时疏生鳞片，下面疏生鳞片，鳞片中等大小，相距为其直径的2~6倍。花序顶生或近顶生，伞形3~6花。花梗长0.5~3.5cm，疏生鳞片或无鳞片。花萼环状或5浅裂，裂片疏生鳞片或无鳞片，有或无缘毛。花冠宽漏斗状，略呈两侧对称，长1.8~3.5cm，白色、淡红色或淡紫色，内面有红、褐红、黄或黄绿色斑点，外面无鳞片或疏生鳞片。雄蕊不等长，长雄蕊伸出花冠外，花丝下部被柔毛。子房5室，密被鳞片，花柱伸出花冠外，洁净。蒴果长圆形。花期4~6月，果期8~10月。

产陕西南部、四川西部、贵州西部、云南、西藏东南部。在螺髻山生于海拔2250~3300m的山坡杂木林、灌丛或松林下。

图16 云南杜鹃

❶植株；❷❸花；❹花的解剖；❺叶；❻果

17 张口杜鹃

张口杜鹃（*Rhododendron augustinii* Hemsl. subsp. *chasmanthum* (Diels) Cullen）属常绿灌木，高1~3m。幼枝、叶柄被柔毛。叶薄革质或近纸质，椭圆形、长圆形或长圆状披针形，长3~7cm，宽1~3.5cm，顶端锐尖至渐尖，基部楔形至钝圆，上面有或无鳞片，下面密被不等大的鳞片，相距为其直径的1~2.5倍，沿中脉主要在下半部密被白色柔毛，毛被通常延伸至叶柄，其余部分无毛。伞形花序顶生，2~6花；花序轴长约5mm；花梗长0.5~1.5cm，疏生鳞片，通常被疏柔毛或近无毛，花萼长0.5~2mm，外面通常有密鳞片，裂片通常有缘毛；花冠宽漏斗状，略两侧对称，长2.5~3.5cm，淡紫色或近白色，5裂至中部，花冠外疏生或密生腺鳞或无；雄蕊不等长，长2.5~3.5cm，花丝下部密被长柔毛；子房密被鳞片，花柱伸出花冠外。蒴果长圆形，基部歪斜，密被鳞片。花期4~5月，果期9~11月。

产陕西南部、湖北西部、四川。在螺髻山生于海拔2500~2900m的山谷、山坡林中、山坡灌木林。

图17 张口杜鹃

❶植株；❷❸花；❹花的解剖；❺叶

18 锈叶杜鹃

锈叶杜鹃（*Rhododendron siderophyllum* Franch.）属常绿灌木，高1~3.5m。幼枝和叶柄密被鳞片。叶片薄革质，椭圆形或椭圆状披针形，长3~10cm，宽1.5~3.5cm，顶端渐尖、锐尖，基部楔形渐狭至钝圆，上面密被下陷的小鳞片，近无毛，下面密被褐色鳞片，鳞片近等大，下陷，相距为其直径的0.5~2倍，或相邻接。花序短总状，顶生或近顶生，3~6花，花序轴2~4mm。花梗长0.5~1.5cm，被鳞片。花萼不发育，环状或略呈波状5裂，密被鳞片。花冠管状漏斗形，长1.5~3cm，白、淡红、淡紫或玫红色，内面上方通常有色斑或无斑，外面无鳞片或裂片上疏生鳞片。雄蕊不等长，长雄蕊伸出花冠外，花丝基部被短柔毛或近无毛。子房密被鳞片，花柱细长，洁净，稀基部有短柔毛，伸出花冠外。蒴果长圆形。花期3~6月，果期9~11月。

产四川西南部、贵州、云南，在螺髻山生于海拔2400~3200m的山坡灌丛、杂木林或松林下。

1

图18　锈叶杜鹃

❶生境；❷植株；❸❹花；❺花的解剖；❻叶；❼果

19 凹叶杜鹃

凹叶杜鹃（*Rhododendron davidsonianum* Rehd. & E. H. Wils.）属灌木，高1~3m。幼枝和叶柄被鳞片。叶片薄革质，披针形或长圆形，长2.5~8cm，宽1~3cm，顶端锐尖，有短尖头，基部渐狭或钝，上面疏生鳞片，近无毛，下面密被黄褐色鳞片，相距为其直径1~4倍或邻接。花序短总状，顶生或同时枝顶腋生，3~6花；花序轴长2~4mm；花梗长1~1.5cm，疏生鳞片；花萼环状或5浅裂，裂片外面被鳞片；花冠宽漏斗状，略呈两侧对称，长2.5~3cm，淡紫白色或玫瑰红色，内面有淡紫红色斑点，外面有或无鳞片；雄蕊不等长，长雄蕊伸出花冠外，花丝下部有短柔毛；子房密被鳞片，花柱细长，伸出花冠外，洁净。蒴果长圆形。花期4~5月，果期9~10月。

产四川西南或西北部。在螺髻山生于海拔2500~2850m的灌丛、林间空地或松林下。

图19　凹叶杜鹃

❶植株；❷❸花；❹花的解剖；❺叶

20 秀雅杜鹃

秀雅杜鹃（*Rhododendron concinnum* Hemsl.）属常绿灌木，高1~3m。幼枝和叶柄密被鳞片。叶片薄革质，长圆形、椭圆形、卵形、长圆状披针形或卵状披针形，长2.5~8cm，宽1.5~3.5cm，顶端锐尖、钝尖或短渐尖，明显有短尖头，基部钝圆或宽楔形，上面或多或少被鳞片，下面粉绿或绿褐色，密被鳞片，鳞片近等大，相距为其直径的0.5~2倍，或相连接。伞形花序顶生或近顶生，2~5花。花梗长0.5~2cm，密被鳞片。花萼小，5浅裂，有时不发育呈环状。花冠宽漏斗状，略两侧对称，长1.5~3.5cm，淡粉紫色、紫红色或深紫色，内面有或无色斑，外面被鳞片。雄蕊不等长，与花冠近等长，花丝下部被疏柔毛。子房密被鳞片，花柱细长，近无毛，略伸出花冠。蒴果长圆形，鳞片明显。花期5~6月，果期9~11月。

产陕西南部、河南、湖北西部、四川、贵州、云南东北部。在螺髻山生于海拔2800~3200m的山坡灌丛、冷杉林下或杜鹃林中。

1

2

图20 秀雅杜鹃

❶植株；❷❸花；❹花的解剖；❺叶；❻果

21 亮鳞杜鹃

亮鳞杜鹃（*Rhododendron heliolepis* Franch.）属常绿灌木或小乔木，高1.5~6m。幼枝和叶柄密生鳞片。叶片薄革质，有浓烈香气，椭圆形、长圆状椭圆形或椭圆状披针形，长5~13cm，宽2~4cm，顶端锐尖或渐尖，基部阔楔形或钝圆，上面幼时密被鳞片，以后渐疏，下面被鳞片，鳞片近等大，薄片状，相距为其直径的0.5~3倍，有时连续分布。伞形花序顶生，4~8朵花。花梗长1~3cm，密被鳞片。花萼边缘浅波状，有时萼片长圆形，长约2mm，外面密生鳞片。花冠钟状，长2.5~3.5cm，粉红色、淡紫红色或偶为白色，内有紫红色斑，外面疏被或密被鳞片。雄蕊10枚，不等长，通常不超出花冠，花丝下半部有密而长的粗毛。子房5~6室，有密鳞片；花柱短于雄蕊或与之等长，稍略长于长雄蕊，下部有柔毛。蒴果长圆形。花期7~8月，果期10~11月。

产四川西南、云南中部（禄劝）至西北部、西藏东南部（察隅）。在螺髻山生于海拔3400~3800m的针-阔叶混交林、冷杉林缘及杜鹃灌丛。

1

图21 亮鳞杜鹃

❶植株；❷❸花；❹花的解剖；❺叶；❻果

22 红棕杜鹃

红棕杜鹃（*Rhododendron rubiginosum* Franch.）属常绿灌木或小乔木，高1~5m。幼枝和叶柄密被鳞片。叶片薄革质，椭圆形、椭圆状披针形或长圆状卵形，长3.5~9cm，宽1.5~3.5cm，顶端通常渐尖，有时锐尖，基部楔形、宽楔形至钝圆，上面密被鳞片，以后渐疏，下面密被锈红色鳞片，鳞片大小不等，相重叠、连接或为其直径的0.5~1.5倍。近伞形花序顶生，5~8花。花梗长1~2.5cm，密被鳞片。花萼短小，边缘状或浅5圆裂，密被鳞片。花冠宽漏斗状，长2.5~3.5cm，淡粉紫色、紫红色、玫瑰红色、淡红色、少有白色带淡紫色晕，内色斑，外面被疏散的鳞片。雄蕊10，不等长，略伸出花冠，花丝下部被短柔毛。子房有密鳞片；花柱长过雄蕊。蒴果长圆形。花期4~6月，果期8~10月。

产四川西南部、云南西北部至东北部、西藏东南（察隅）。在螺髻山生于海拔2700~3250m的山坡、林间间隙地。在海口牧场3000m左右的山坡成连绵数十里的红棕杜鹃林，景观甚为壮观。

图22　红棕杜鹃

❶生境；❷植株；❸❹花；❺花的解剖；❻叶

23 暗叶杜鹃

暗叶杜鹃（*Rhododendron amundsenianum* Hand. -Mazz.）属常绿灌木，高0.3~0.9m。幼枝密被暗褐色脱落性的鳞片。叶柄长1~2mm，被鳞片。叶片革质，长圆形、椭圆形倒卵形，长9~20mm，宽5~10mm，顶端圆形，具短突尖，基部宽楔形，上面具光泽，被琥珀色鳞片，鳞片邻接或叠置，下面鳞片均为锈褐色，邻接或有的稍不邻接，具狭的半透明、金黄色边沿。伞形总状花序顶生，具花（2）3~4朵，花梗长2~3mm，密被鳞片。花萼长4~6mm，裂片长圆形或披针形，其中央具一鳞片带，边缘被缘毛。花冠宽漏斗形，紫色，长1.8~2.5cm，外面具鳞片，内面喉部具密柔毛，中下部5裂，裂片椭圆形，开展。雄蕊10枚，长1~1.5cm，基部密被白色绒毛。子房密被鳞片，花柱基部疏被柔毛。蒴果长卵形被鳞片。花期4~5月，果期10~11月。

产四川西南部。在螺髻山生于海拔3700~4250m的高山及沟边、湖边。

图23 暗叶杜鹃

❶植株；❷❸花；❹叶；❺果

24 粉紫杜鹃

粉紫杜鹃（*Rhododendron impeditum* Balf. f. et W. W. Smith）属常绿灌木，高0.3~1m，多分枝而稠密常成垫状。幼枝、叶柄被毛及褐色鳞片。叶片革质，卵形、椭圆形、宽椭圆形至长圆形，长5~15mm，宽2~8mm，顶端钝或急尖，有或无尖头，基部宽楔形，上面暗绿色，被不邻接的灰白色鳞片，下面灰绿色，被黄褐色或琥珀色鳞片，有光泽，排列不密集，相互明显有间距。伞形总状花序顶生，3~6朵花。花梗长1~3mm，被鳞片。花萼长2.5~4mm，裂片长圆形，从基部到顶部的中央形成一鳞片带，边缘常具少数鳞片，具长缘毛。花冠宽漏斗状，长7~12mm，白色、淡紫色至紫色，近无鳞片，花管长3~6mm，内面喉部被毛。雄蕊5~10枚，花丝下部被毛。子房长被灰白色鳞片，花柱长于雄蕊或较短，基部有毛或无。蒴果卵圆形被鳞片。花期5~6月，果期9~11月。

产四川西南部、云南西北部。在螺髻山生于海拔2500~3600m开阔的岩坡、高山草地、杜鹃灌丛。

图24　粉紫杜鹃

❶植株；❷❸花；❹花的解剖；❺叶；❻果

25 光亮杜鹃

光亮杜鹃（*Rhododendron nitidulum* Rehd. et Wils.）属常绿小灌木，平卧或直立，成莲座状，高0.15~0.6m。幼枝、叶柄密被鳞片。叶革质，椭圆形至卵形，长3~12mm，宽2~6mm，顶端钝或圆，有或无突尖，基部宽楔形至圆形，上面暗绿色，有光泽，密被相邻接的鳞片，下面鳞片均一而光亮，淡褐色，相邻接或稍呈覆瓦状排列。花序顶生，有花1~2朵。花梗长0.5~1.5mm，被鳞片。花萼发达，带红色，长2~5mm，裂片卵形，外面被鳞片。花冠宽漏斗状，长12~15mm，淡紫色至蓝紫色，花管较裂片约短一倍，长4~6mm，内面被柔毛，裂片开展，长圆形，长7~9mm。雄蕊10，不等长，与花冠等长或稍长，花丝近基部有一簇白色柔毛。子房密被淡绿色鳞片，花柱较雄蕊长，洁净。蒴果卵珠形密被鳞片，被包于宿存的萼内。花期5~6月，果期10~11月。

产青海东部、四川西部、西北部和西南部。在螺髻山生于高海拔3700~3850m的高山草甸。

图25　光亮杜鹃

❶植株；❷❸花；❹花的解剖和叶

26 腋花杜鹃

腋花杜鹃（*Rhododendron racemosum* Franch.）属小灌木，高0.15~2.5m。幼枝和叶柄被黑褐色腺鳞。叶柄长2~5mm。叶片革质或薄革质，有香气，长圆形或长圆状椭圆形，长1.5~4cm，宽0.8~2.2cm，顶端钝圆或锐尖，具小尖头或无，基部钝圆或阔楔形，边缘反卷，上面密生黑色或淡褐色小鳞片，下面通常灰白色，密被褐色鳞片，鳞片近等大，相距不超过其直径也不相邻接。花序腋生枝顶或枝上部叶腋，每一花序有花2~4朵，花芽鳞宿存。花梗长0.5~1.6cm，密被鳞片。花萼小，环状或波状浅裂，被鳞片。花冠宽漏斗状，长0.9~2cm，粉红色、淡紫红色或白色，近中部5裂，裂片开展。雄蕊10，伸出花冠外，花丝基部密被开展的柔毛。子房密被鳞片，花柱长于雄蕊，近无毛。蒴果长圆形被鳞片。花期3~5月，果期8~10月。

产四川西南、贵州西北、云南，在螺髻山生于海拔1900~3400m的灌丛草地、云南松林、松-栎林下，或冷杉林缘。

1

2

图25 腋花杜鹃

❶❷植株；❸花；❹叶；❺叶

27 碎米花

碎米花（*Rhododendron spiciferum* Franch）属常绿小灌木，高0.3~1.5m。幼枝和叶柄密被短柔毛和细刚毛。叶柄长2~3.5mm。叶片厚纸质，狭长圆形、倒披针形或披针形，长2~3.5cm，宽0.4~1.2cm，顶端锐尖，具短尖头，边缘明显反卷，基部楔形，上面深绿色，被白色短柔毛和细刚毛，疏生少数鳞片，下面灰绿色，密被柔毛和细刚毛，被黄褐色鳞片。短总状花序生于枝顶叶腋，有2~3朵花。花梗长6~8mm，被短柔毛、刚毛和鳞片。花萼小，外面密被柔毛和鳞片，裂片不明显，边缘多少有细刚毛。花冠长。16~24mm，具短漏斗状的花冠管和开展的裂片，淡红色或粉红色，裂片长于花冠管，外面被鳞片。雄蕊8~10，不等长，长雄蕊稍长于花冠，花丝基部无毛。子房被鳞片和微柔毛，花柱洁净。蒴果长圆形有鳞片和柔毛。花期3~5月，果期8~10月。

产贵州西部、云南中部至东南部及四川西南部。在螺髻山生于海拔2000~2700m的山坡灌丛、松林或次生林缘。

图27 碎米花

❶植株；❷❸花；❹叶；❺果

28 爆杖花

爆杖花（*Rhododendron spinuliferum* Franch.）属常绿灌木，高0.5~3m。幼枝有灰色柔毛和刚毛。叶柄长3~6mm，被柔毛、刚毛和鳞片。叶片坚纸质，椭圆状倒披针形或倒披针形，长3~11cm，宽1.5~3.5cm，先端具短尖头，上面有柔毛或无毛，近边缘有短刚毛，中脉、侧脉及网脉凹下叶面呈皱纹状，下面淡绿色，密被灰白色柔毛和鳞片。伞形花序生于枝顶叶腋，有2~4花。花梗长0.5~1.5cm，被柔毛和鳞片。花萼浅杯状，长约1mm，被柔毛和鳞片。花冠筒状，红色，两端略狭缩，长1.5~2.5cm，外面无毛、无鳞片，裂片约为冠筒长1/2，卵形，直立。雄蕊10，稍长于花冠，花药紫黑色，花丝无毛。子房5室，密被绵毛和鳞片。蒴果长圆形或长卵形，长1~1.7cm，被毛和鳞片。花期2~6月，果期7~10月。

产四川西南、云南西部、中部至东北部。在螺髻山生于海拔1850~2600m的松林、松-栎林或山谷灌木林。

图28　爆杖花

❶植株；❷花枝；❸花；❹果

29 柔毛杜鹃

柔毛杜鹃（*Rhododendron pubescens* Balf. f. et Forrest）属常绿小灌木，株高0.6~1.2m。幼枝密被短柔毛和较长细刚毛，杂生橙红色鳞片。叶柄长约3mm，被毛。叶厚革质，狭长圆形或披针形，长2~3.5cm，宽4~8mm，先端具短尖头，边缘反卷，上面深绿色，幼时密被短柔毛和较长刚毛，杂生疏鳞片，下面灰绿色，毛被和鳞片较上面更密并宿存。花序近伞形，有3~4花，生于近顶端叶腋。花梗长6~8mm，被柔毛、刚毛和鳞片。花萼小，环状或波状5裂，密被柔毛和鳞片，边缘有细刚毛。花冠淡粉色或粉红色，长7~12mm，宽漏斗状，裂片长于冠筒，开展，外面被鳞片。雄蕊8~10，花丝近基部被柔毛或无毛。子房5室。蒴果长圆形，长约6mm，被鳞片和疏柔毛。花期5~6月。

产四川西南部、云南。在螺髻山生于海拔1750~2700m的山坡灌丛中及松林下。

图29　柔毛杜鹃

❶植株；❷花

30 樱草杜鹃

樱草杜鹃（*Rhododendron primuliflorum* Bur. et Franch.）属常绿小灌木，高0.3~1m。茎表皮常薄片状脱落，幼枝密被鳞片和短刚毛。叶柄长2~5mm，密被鳞片。叶革质，芳香，长圆形、长圆状椭圆形至卵状长圆形，长1~3cm，宽8~13mm，先端钝，有小突尖，基部渐狭，上面暗绿色，有光泽，下面密被重叠成2~3层、淡黄褐色、黄褐色或灰褐色屑状鳞片。头状花序顶生，8~16花，花芽鳞早落。花梗长2~4mm，被鳞片，无毛。花萼长3~6mm，外面疏被鳞片，裂片长圆形、披针形至长圆状卵形，边缘有缘毛。花冠狭筒状漏斗形，长1.2~1.8cm，白色，花管长7~12mm，微弯曲。内面喉部被长柔毛，外面具密白色长柔毛，无鳞片，裂片近圆形，长3~6mm。雄蕊5，内藏于花管，基部有短柔毛或光滑。子房密被鳞片，花柱粗短，约与子房等长，光滑。蒴果卵状椭圆形密被鳞片。花期5~6月，果期8~10月。

产云南西北部、西藏南部及东南部、四川西部和西南部、甘肃南部。在螺髻山生于海拔3400~3800m的山坡灌丛、高山草甸、岩坡或沼泽草甸。

图30　樱草杜鹃

❶植株；❷花；❸花的解剖；❹叶

31 杜鹃（映山红）

杜鹃（映山红）（*Rhododendron simsii* Planch.）属落叶或半常绿灌木，高1~4m。分枝及叶柄密被亮棕褐色扁平糙伏毛。叶柄长2~6mm。叶革质，常集生枝端，卵形、椭圆状卵形或倒卵形或倒卵形至倒披针形，长1.5~5cm，宽0.5~3cm，先端短渐尖，基部楔形或宽楔形，边缘具细齿，上面深绿色，疏被糙伏毛，下面淡绿色，密被褐色糙伏毛。花2~6朵簇生枝顶；花梗长0.8~1.2cm，密被亮棕褐色糙伏毛。花萼5深裂，裂片三角状长卵形，长5mm，被糙伏毛，边缘具睫毛；花冠阔漏斗形，鲜红色、玫瑰色或暗红色，长3.5~4.5cm，径3.5~4.5cm，裂片5，倒卵形，长2.5~3cm，上部裂片具深红色斑点。雄蕊10，长约与花冠相等，花丝中部以下被微柔毛。子房密被白色糙伏毛，花柱伸出花冠外，无毛。蒴果卵球形，密被糙伏毛；花萼宿存。花期4~5月，果期7~9月。

产江苏、安徽、浙江、江西、福建、台湾、湖北、湖南、广东、广西、四川、贵州和云南。在螺髻山生于海拔1500~1900m的山坡、山地疏灌丛或松林下。

图31　杜鹃（映山红）

❶生境；❷植株；❸❹花；❺叶

32 亮毛杜鹃

亮毛杜鹃（*Rhododendron microphyton* Franch.）属常绿灌木，高0.5~2.5m。分枝多而纤细，密被淡褐色扁平糙伏毛。叶薄革质，集生枝顶，长圆形，长0.8~3cm，宽0.5~1.2cm，先端短渐尖、钝尖，基部楔形，上面深绿色，中脉和侧脉不明显，被糙伏毛。下面淡绿色，叶脉显著凸出，密被淡褐色糙伏毛。叶柄长3~5mm，密被淡褐色糙伏毛。花芽卵球形，鳞片外面中上部疏被糙伏毛，内面无毛，边缘具长柔毛。伞形花序顶生，有花1~4朵。花梗长0.4~1.2cm，被白色或淡褐色糙伏毛。花萼长4~5mm，裂片分裂至基部，长卵形，长3~4mm，外面及边缘被白色糙伏毛。花冠粉红色、淡粉色或近白色，漏斗形，长2.5~3cm，花冠管长1.1~1.4cm，内面被疏柔毛，具红斑，外面无毛，5裂，裂片矩圆形、长圆形、长圆状倒卵形或长圆状卵形，长1.3~1.6cm，宽8~10mm，上面3裂片具红色斑点。雄蕊10，不等长，长2~3cm，部分伸出花冠外，花丝扁平，中部以下被疏柔毛。子房密被白色长伏毛，花柱比雄蕊长，无毛。蒴果卵球形，密被红棕色刚毛状长毛。花期3~4月，果期8~9月。

产广西西北部、四川西南部、贵州西部及西南部、云南西北部和西部及东南部。在螺髻山生于海拔1800~2200m的山脊、灌丛中或疏林下。

1

2

图32 亮毛杜鹃

❶植株；❷花枝；❸❹❺花；❻花的解剖；❼叶

参考文献

耿玉英，2014. 中国杜鹃花属植物［M］. 上海：上海科学技术出版社

方瑞征，杨汉碧，金存礼，1999. 中国植物志. 第57卷（第一分册）［M］. 北京：科学出版社

中国科学院植物研究所，1983. 中国高等植物图鉴［M］. 北京：科学出版社

张旭东，罗强，刘建林，2007. 攀西杜鹃花属植物资源调查及开发利用［J］. 中国林副特产，（3）：64-66